餐饮行业职业技能培训教程



# 图解餐桌料理盘饰

吴青华 著

中国轻工业出版社

# 作者序

庚子年的初秋，看着文稿，细细回忆外拍的过程与伙伴们讨论的时光，时光点滴地流逝，一路走来感谢朋友们的支持，无论是前辈或后起之秀，大家分工合作，密切交流，使外拍工作顺利完成。外拍过程是紧凑的，成果集结成书，将最好的一面与读者分享，过程中伙伴们的感情或默契更加紧密。

接获中国台湾“中华专业技能训练协会”委托本书的出版策划时，发现近二十年厨房生活仿佛是昨天，但又觉得好遥远。外拍跟前置时间是辛苦的，认真的付出是有结果的，如期出版。

现今台湾高职、中职或大专院校的餐饮科系属于各校重点科系，有兴趣的学习者如过江之鲫，另外，在产业人才投资方案中，餐饮类（中西餐、吧台饮调课程、烘焙课程……）占有相当重要的地位，可是却苦寻不到合适的相关装饰参考书籍，市面上出版书籍多着墨于单一单元，故着手策划本书。因此，本书的主要使用群体为：大专院校、综合高中、餐饮社团等及家庭主妇或对烹饪、烘焙、饮调摆饰有兴趣的读者。以简单操作，大大提升成品质感，并方便教师备课。

感谢伙伴们的协助与赞助厂商——INAP道升企划有限公司、阿德摄影师及上优文化出版团队的大力支持，因有大家的勠力协助，从而顺利完成。当然也要感谢一路支持我的家人及南开科技大学餐饮管理系（提供了优质外拍场地），谢谢大家！

南开科技大学 餐饮管理系

吴青华

2020年9月

# 目录 contents

Part 1

## 蔬果原料的选择



Part 2

## 基础切雕技法



Part 3

## 摆盘装饰

Part 4

## 装饰物制作



Part 5

## 装饰应用



Part 6

## 进阶应用

≫ p.42 / Part 2　基础切雕技法 - 进阶篇盘饰

≫ p.78 / Part 4　装饰物制作 – 炸物

≫ p.136 / Part 6　进阶应用 - 菜肴盘饰

≫ p.52 / Part 3　摆盘装饰 - 水果拼盘

≫ p.122 / Part 5　装饰应用 - 蛋白霜画盘

≫ p.85 / Part 4　装饰物制作 - 巧克力装饰片

≫ p.126 / Part 6　进阶应用 - 饮品与杯饰

# Part 1

# 蔬果原料的选择

# 1 | 水果类原料

| 原料名称 | 选购要点 |
| --- | --- |
| 柠檬 | 选购果粒坚实、颜色浓厚有光泽，带有天然芳香气味的。<br>避免选择有霉点、洞孔或颜色暗沉的 |
| 西瓜 | 选购表皮光滑、形状好看、呈浅绿色，并且纹路明显、整齐的。<br>避免选择在浅色果肉上出现白色条痕或是表面有撞击软化痕迹的 |
| 哈密瓜 | 选购外观粗糙、底部有弹性、散发天然果香。<br>避免选择太硬的以及表皮上有霉点与撞击软化痕迹的 |
| 菠萝 | 选购外形圆胖、果实坚实且较重、有浓郁果香的菠萝。<br>避免选择表皮暗沉、碰伤、干瘪或有腐败发酵气味的 |
| 樱桃 | 选购颜色呈深红色、表面圆胖、茎梗新鲜的。<br>避免选择颜色暗沉、凋萎、干瘪或有坑洞的 |
| 猕猴桃 | 选购果实圆胖，并柔软有弹性的。<br>避免选择色泽暗的或过熟、过软的 |
| 芒果 | 选购外皮橘黄到红色，并有点软的果实。<br>避免选择未熟过硬或过熟、过软的 |
| 草莓 | 选购时要注意果实是否坚实、鲜红，并紧连梗子。<br>避免选择大块掉色或种子（草莓上一点一点白色的东西）丛生的果实 |
| 桃子 | 选购果实坚实并稍微柔软的。<br>避免选择绿色、太硬的不熟果实 |
| 火龙果 | 选购表皮红色部分看来有点粗、暗红，鳞片呈深绿色，以及果身浑圆饱满的，甜度才高。<br>避免选择鳞片呈现枯黄以及过软的，此现象表示不新鲜 |
| 百香果 | 选购皮皱的果实，因为水分持续蒸发，酸甜度刚刚好，尝起来更加芳香浓郁。<br>避免选择颜色较浅的，此现象表示还未熟 |

续表

| 原料名称 | 选购要点 |
| --- | --- |
| 牛油果 | 选购摸起来微嫩的，可以选购稍微坚实的果实。<br>避免选择表皮破损或有明显黑点的 |
| 苹果 | 选购看起来坚实、颜色鲜明且表皮并没有脱水现象的。<br>避免选择有碰伤、软掉或肉有斑点的 |
| 葡萄柚 | 选购果实坚实、紧致结实的。通常轻微的变色或表皮刮伤，并不会影响到风味。<br>避免选择颜色暗沉或颜色不足的 |
| 梨子 | 选购时要注意果实坚实但不可太硬。<br>避免选择皮皱皱的，或皮上有斑点的果实 |
| 李子 | 选购红肉李选紫黑色，黄肉李选果皮亮黄，桃接李选亮红，加州李选暗红色带香气者为佳。<br>避免选择表面粗糙以及奇形怪状的 |
| 柿子 | 选购红柿子时，挑选以果皮光滑、没有黑斑点以及未压伤的；甜柿子则挑选表面粉白状、没黑斑点的。<br>避免选择凹陷、褐斑、有裂隙和压伤的 |
| 枣子 | 选购淡绿有光泽，才会又香又脆，成熟时食用是最佳时机。<br>避免选择颜色过白、偏乳黄色的，此现象表示放置太久，果肉已经过熟，口感会太软、甜度降低 |
| 莲雾 | 选购时注意，蒂头的地方伸展得越开，表示越熟，挑选时以暗红色为佳，黑珍珠则红到发黑的最甜，清红色就没这么甜。<br>避免选择过软的，此现象表示过熟 |
| 小番茄 | 选购果形丰圆或长圆，果色鲜红者为佳，越红则番茄红素越多。<br>避免选择颜色较绿以及过软的 |
| 杨桃 | 选购果皮光亮，皮色黄中带绿，棱边青绿为佳。<br>避免选择棱边较黑，皮色接近橙黄的，表示已过于成熟；反之，若皮色太青可能太酸 |

续表

| 原料名称 | 选购要点 |
| --- | --- |
| 柑橘 | 选购时要注意坚实、质量重（表示多汁）、触感平滑、表皮看起来亮亮的柑橘。<br>避免选择太轻（没有汁）、过硬、粗糙和像海绵般外皮的果实 |
| 蟠桃 | 选购桃毛很立很精神，表示是新鲜的。<br>避免选择过软并且没有桃毛的。<br>注：蟠桃放在通风阴凉处常温保存就好，冷藏的低温环境会使其香味挥发，甜味变淡 |
| 香瓜 | 选购表皮果粉均匀，颜色以乳白色、质感透亮的为佳，此时果肉成熟度恰好，脆中带绵，连皮都可以食用。<br>避免选择底部较硬的，此现象代表还不成熟，甜度不高 |
| 荔枝 | 选购表皮凹凸不平、纹路深、表皮红润、饱满有弹性的。<br>避免选择中心有点空的，此现象表示放置过久 |
| 枇杷 | 选购底部肥厚，颜色和表皮一样是黄色且绒毛较多的。<br>避免选择底部呈现黑色的，此现象表示果实不够新鲜 |
| 柳橙 | 选购颜色鲜艳，皮亮且有光泽，底部有一个小圈圈，代表水分充足的。<br>避免选择果皮为青绿色，过软与干瘪的 |
| 金柑 | 选购翠绿色没斑点的。<br>避免选择过软与干瘪的 |
| 葡萄 | 选购紫色趋黑，外皮有弹性的。<br>避免选择青绿色与过软的 |
| 香蕉 | 选购表皮金黄、果皮棱线较不明显，尾端圆润的。<br>避免选择过软的，且色泽呈现青绿色以及黑色的 |
| 覆盆子 | 选购饱满及有光泽的。<br>避免选择颜色较浅、过软以及过熟的 |
| 蔓越莓 | 挑选色泽明亮、饱满结实的。颜色越深红，其中花青素的含量也越高。<br>避免选择色泽较浅与过软的 |

# 2 | 蔬菜类原料

| 原料名称 | 选购要点 |
| --- | --- |
| 小黄瓜 | 选购有疣状突起的，用手去搓会有刺痛感的就是新鲜的。<br>避免选择中心有小空洞与过软的。<br>注：小黄瓜在常温下会慢慢变干 |
| 苦瓜 | 选购瓜体硬实、具重量感、表皮亮丽晶莹，且表面疣状物越大越好，这样苦瓜就没那么苦。<br>避免选择瓜体内侧呈现红色的，则表示瓜体过熟。<br>注：苦瓜不耐保存，置于冰箱存放也不宜超过2天 |
| 香菇 | 选购菇伞部分肉厚有弹性，没有斑纹，呈现鲜嫩的茶褐色的。<br>避免选择菇伞内侧有一层薄膜的，若此处出现茶色斑点，此现象表示不新鲜 |
| 马铃薯 | 选购肥大而匀称的马铃薯，无病斑、虫咬和机械外伤。<br>避免选择萎蔫、变软、发绿的表皮和发芽的马铃薯，以免龙葵素中毒；表皮不能粗糙，如果有粗糙或表面突起很可能有疮痂病。但若在收成过程环境干燥，表面会稍微薄薄龟裂 |
| 芋头 | 选购须根少而粘有湿泥、带点湿气、外皮无伤痕的新鲜芋头。<br>避免选择有病斑、虫咬和机械外伤的。<br>注：储放芋头前应先去除泥土，将芋头擦干后用干报纸包起来，再放在阴凉通风的地方 |
| 白萝卜 | 选购以表面无空隙，通体白色，有弹性具光泽者为佳，若根部呈直条状不弯曲则为上选。<br>避免选择发蔫起皱，颜色发黄发暗的，这说明不新鲜。<br>注：最后掂分量，鲜萝卜水分充足，掂起来较沉；掂着分量轻的，就说明不新 |
| 麻竹笋 | 选购以笋基部宽广、色泽亮丽，无干萎现象，笋尖较为密合的。<br>避免选择根部为绿色，笋壳太软，不够新鲜的 |

续表

| 原料名称 | 选购要点 |
| --- | --- |
| 芦笋 | 选购芦笋，以形状正直、笋尖花苞紧密、没有水伤腐臭味，表皮鲜亮不萎缩，细嫩粗大，基部未老化，以手折之即断者为佳。<br>避免选择基部白色茎坚硬、老化甚至木质化，食用起来口感较差的；笋尖无收缩则不鲜嫩。<br>注：刚采收下来的芦笋组织很快就会纤维化，不易保存 |
| 辣椒 | 选购表面饱满，表面光滑，蒂头的部分最好是呈鲜绿色。<br>避免选择萎蔫、变软的，此现象表示过熟。<br>注：辣椒置于室温下不容易保存其鲜艳的外观。最好将辣椒洗净、擦干，放入保鲜袋中，直接放进冷库冰冻，就能保存1～2个月 |
| 茄子 | 选购果形均匀周正，无裂口、腐烂、锈皮、斑点的茄子，以皮薄、籽少、肉厚为佳。<br>避免选择质量重的，此现象表示籽多不好吃 |
| 芹菜 | 选购色泽鲜绿，叶柄较厚，茎部稍呈圆形，内侧微向内凹的，这种芹菜品质是上好的。<br>避免选择叶色浓绿、过黄以及过软的，此现象表示粗纤维多，口感老。<br>注：挑选芹菜时，可以掐一下芹菜的茎部，易折断的为嫩芹菜，不易折断的为老芹菜。叶茎完好，纵筋凹凸没有平的是佳品 |
| 老姜 | 选购外表呈土黄色，表皮比嫩姜粗糙，且有纹路，味道辛辣的。别挑外表太过干净的，表面平整就可以。<br>避免选择萎蔫、酥软的，此现象表示过熟 |
| 洋葱 | 选购还没长根，表面光滑且心较硬的。<br>避免选择收口部位不扎实紧密的，此现象表示不够成熟，且不易久放、甜度也不够 |
| 南瓜 | 选购颜色深黄、条纹清晰粗重的为成熟的南瓜，南瓜顶部一般会连着一小段梗，这样的南瓜比较易于保存。<br>避免选择腐烂变质的，此现象表示放置过久 |

续表

| 原料名称 | 选购要点 |
| --- | --- |
| 杏鲍菇 | 选购雪白、轴很硬、蕈伞的皱折美丽的。<br>避免选择菌柄表面纤维过粗的，此现象代表过熟，过细则代表太嫩而少了嚼劲，熟度以七分熟的恰好 |
| 西蓝花 | 选购西蓝花应挑色泽鲜绿，茎部不空心的西蓝花较佳。<br>避免选择泛黄的西蓝花，此现象表示不新鲜 |
| 胡萝卜 | 选购外表光滑，没有伤痕，颜色很亮堂的，自然的橘黄色的。<br>避免选择萎蔫以及过软的 |
| 地瓜 | 选购形体完整、平滑，表面无凹凸不平者为佳。<br>避免选择发芽、表面皱皱不新鲜的地瓜；地瓜表面被机械削到或是虫咬，表面可见小黑洞，内部可能已腐烂 |
| 红黄甜椒 | 选购形状饱满、完整，摸起来不会软软的，即使用手指轻压表皮也会弹回。<br>避免选择枯萎、腐烂的，此现象表示过熟 |
| 玉米笋 | 选购淡黄色、细长、大小均匀的。<br>避免选择萎蔫以及过软的 |
| 青木瓜 | 选购蒂头呈现绿色、饱满的青木瓜，可以稍微按压，若有少许的汁液流出表示相当新鲜，皮要光滑，颜色越青、果肉硬实且有弹性的青木瓜，口感更爽脆，品质佳。<br>避免选择色泽暗沉、有色斑的 |

*感谢南开科技大学-创意烘焙社-刘洁吟老师协助水果与蔬菜类原料文稿修润。

# Part 2

# 基础切雕技法

# 1 ｜ 胡萝卜基础盘饰

（中式料头花盘饰单品-胡萝卜组合盘饰）

## 1-1 半圆形

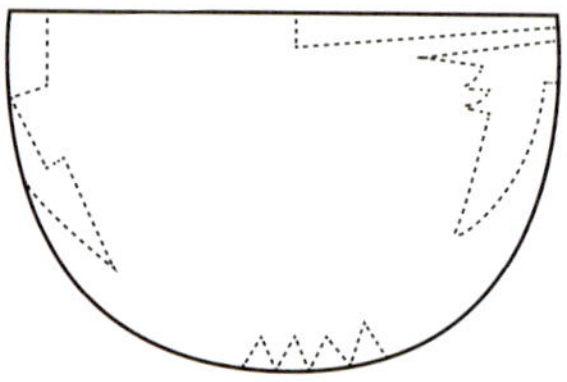

1. 取一个半圆块，中心切划出一个V形凹槽，在两边切出较深的V形凹槽，在其中一边切划出3个V形凹槽。
2. 在圆顶面切划出4个由深至浅的V形凹槽，料头花成形。

## 1-2 叶子

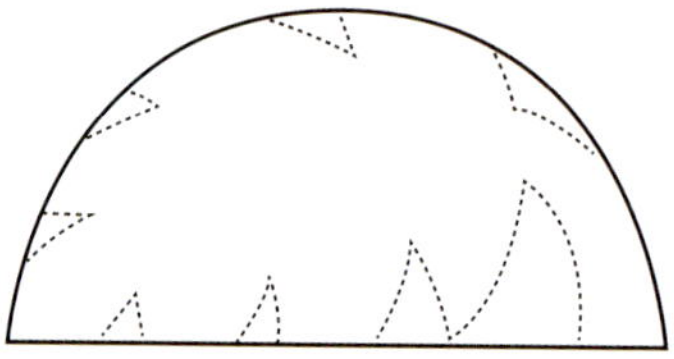

1. 切取一块圆形胡萝卜块，再对切成半圆形块。
2. 先由平面处开始切割，先切雕出叶子外形。
3. 然后在叶子外围切上凹槽，料头花形成。

## 1-3 长方形

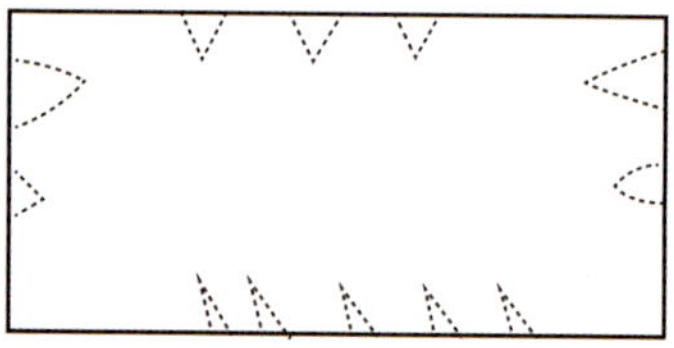

1. 取一个半圆形块，切划出一个长方形块。
2. 在两个长边分别切划出3个和5个小V形凹槽。在两短边，中间处切划出1个V形凹槽。
3. 在两短边，中间处的V形凹槽和顶角处的中间再切划出1个V形凹槽，料头花成形。

## 1-4 虾头部

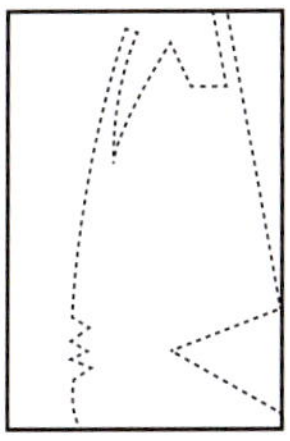

1. 取半圆形胡萝卜块，在圆弧面切划出长角。在平面处也切划出长角。
2. 在圆弧面长角处下方切划出3个小V形凹槽，在平面处长脚下方切划出1个大V形凹槽，料头花成形。

## 1-5 圣诞树1

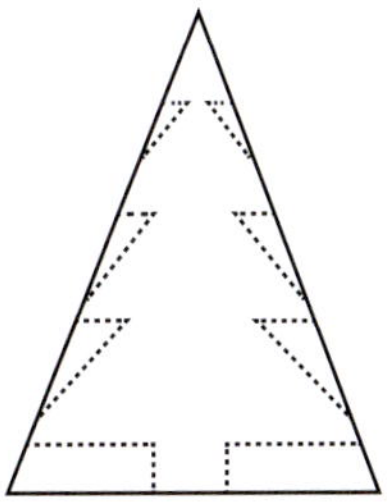

1. 取一个半圆形块，从1/3半圆弧处往半圆块1角直切1刀，另一角也重复同样动作，形成等腰三角形的块状。
2. 在等腰的一个斜边切出3个V形凹槽。
3. 在另一斜边也切出3个V形凹槽，形成树叶状。
4. 在等腰三角形的第3边各切出两个凹槽，形成树干状。料头花成形。

## 1-6 圣诞树2

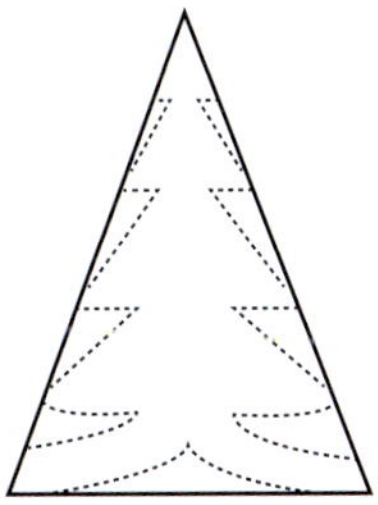

1. 取一个半圆形块，从1/3半圆弧处往半圆块1角直切1刀，另一角也重复同样动作，形成等腰三角形的块状。
2. 在等腰的一个斜边切出4个V形凹槽。
3. 在另一斜边也切出4个V形凹槽，形成树叶状。
4. 在等腰三角形的第3边，中间处直切1刀。接着在平面左右边角以弧刀方式，与中间处直刀产生交会点，料头花成形。

## 1-7 圣诞树3

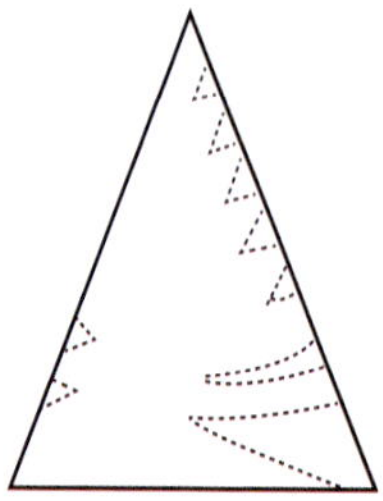

1. 取一个半圆形块，从1/3半圆弧处往半圆块1角直切1刀，另一角也重复同样动作，形成等腰三角形的块状。
2. 在等腰的一个斜边切出2个V形凹槽。
3. 在另一斜边也切出5个V形凹槽，形成树叶状。
4. 在等腰三角形的右边角以弧刀方式切划出两个V形凹槽，料头花成形。

## 1-8 鱼

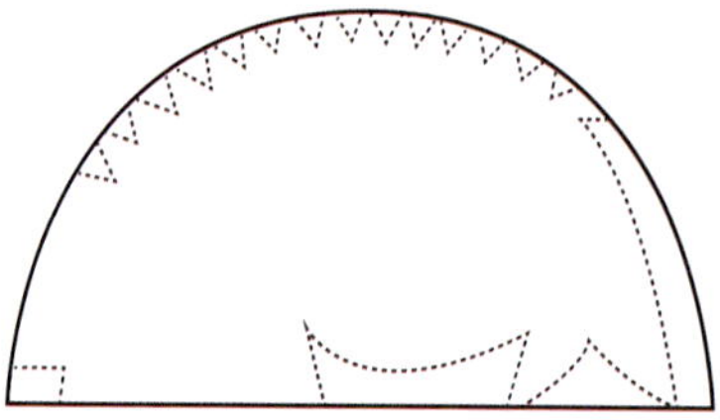

1. 胡萝卜取头端，对切成为半圆块。
2. 圆弧的地方先修出头的弧线。
3. 以剞刀法在弧线边切割，产生鱼的背鳍状。
4. 下方直线的部分先修出鱼的头部微弧。再修出头与胸鳍间的凹部。
5. 从下方直线中央处向头的方向剞入。
6. 两刀产生鱼的鱼腹鳍部前夹角。
7. 下方中央处向尾的方向剞入，产生鱼腹鳍的后凹处夹角。
8. 腹凹处以数次慢慢削切至平整而成。剞出尾部大V形开叉，料头花成形。

## 1-9 蝴蝶

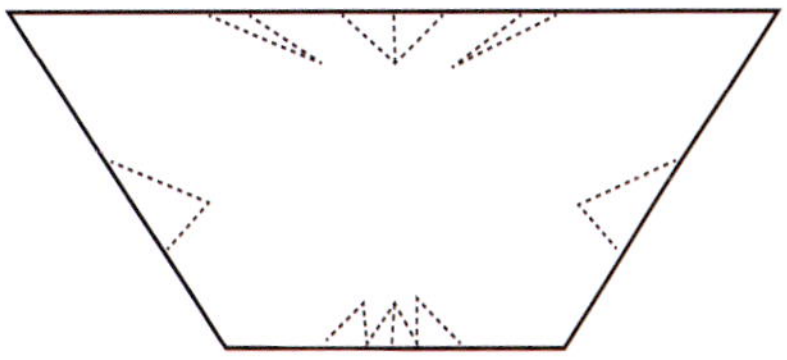

1. 取一个半圆形块，从圆弧边直切1刀与半圆的直线平行，两端分别斜切1刀，形成梯形块状。
2. 在长边切划一个V形凹槽。
3. 在短边切划一个V形凹槽。再于两斜边1/3处，分别切出V形凹槽。
4. 分别在V形凹槽两边各切一个小V形凹槽，使长边有3个V形凹槽。
5. 翻至短边，分别在V形凹槽两边切一个小V形凹槽。
6. 料头花成形。

## 1-10 鸟

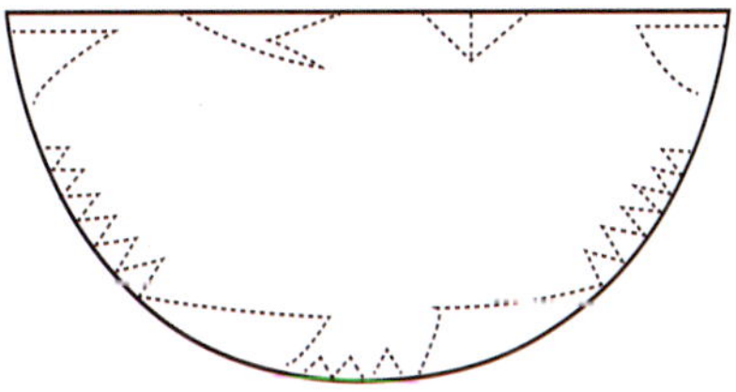

1. 取1个大型的圆块，切成两个半圆形，将半圆块状的圆弧修圆。
2. 先把鸟的头部雕刻出来，第一刀从直线边长靠近中心点的右边斜切一刀。
3. 第2刀从右边的顶点以直刀的方式，与第1刀产生交会点。
4. 第3刀从直线边长靠近中心点左边斜切1刀。第4刀从左边的顶点以直刀的方式，与第3刀产生交会点。接着在鸟儿的头部切划出额头与嘴巴的样貌。
5. 翻转至圆弧面，对应头部第1刀延伸线，切第7刀，定位出尾部。
6. 第8刀从圆弧顶端往第7刀结尾的方向以弧刀方式切入，使其产生鸟儿的翅膀线条。
7. 第9刀切划出鸟儿尾部的样貌。第10刀从圆弧顶端往第9刀结尾方向以弧刀方式切入，使其产生鸟儿另一边的翅膀。
8. 在尾巴的部分，切划3个小V形凹槽。在左右翅膀部位也切划6个小V形凹槽。在左边翅膀，接近圆弧顶端切划一个较深的V形凹槽，料头花成形。

## 1-11 飞镖

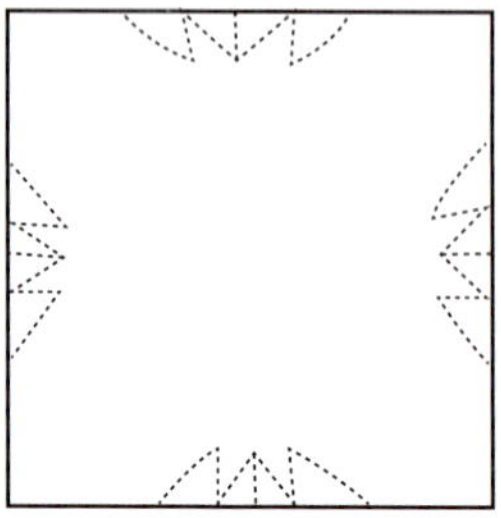

1. 取一个中型方块，切成正方形。
2. 在其中一边的中间点直切第1刀，接着在中间线的两旁各斜切1刀，形成V形凹槽。
3. 在V形凹槽的两侧，分别再切划2刀，使中间的V形凹槽旁有两个小V形凹槽。
4. 在另外3边重复步骤1~3，料头花成形。

## 1-12 菱形块

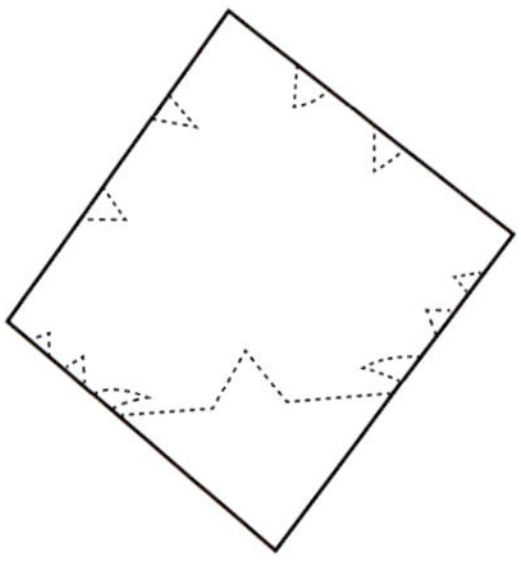

1. 取一个菱形块，在两侧各切划出2个V形凹槽，另外两侧也是各切划出2个较近的V形凹槽。
2. 在下边两侧各切划出1个V形凹槽，并将下边的角切出一个V形凹槽，料头花成形。

## 1-13 雷电字形

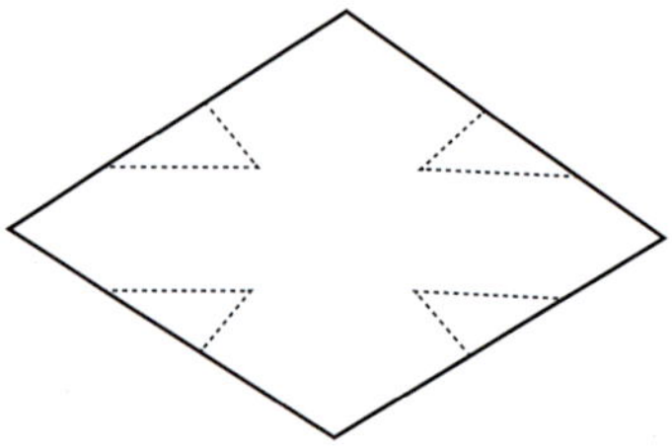

1. 取一块菱形块，在其中一个斜面切划一个V形凹槽。
2. 在另外三个斜面也切划一个V形凹槽，料头花成形。

## 1-14 寿字形

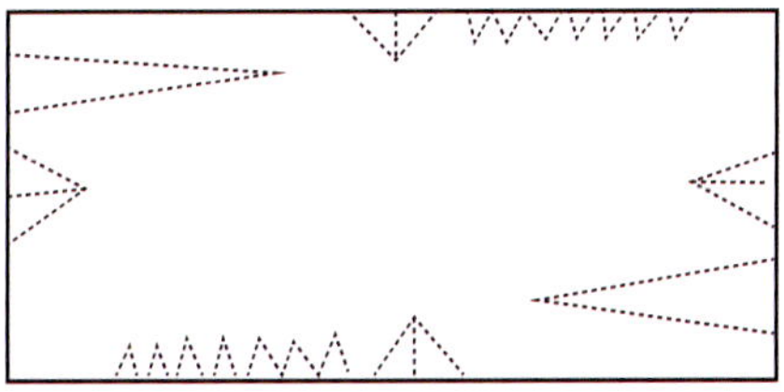

1. 切一个长方形胡萝卜块，在两侧中心点切划出V形凹槽。
2. 从左方切一个深的V形槽，右方切划7个V形凹槽。另一方则是左边切划7个V形凹槽，从右方切一个深的V形槽。
3. 在两个短边，中间分别切划出一个V形凹槽。料头花形成。

## 1-15 扇贝形

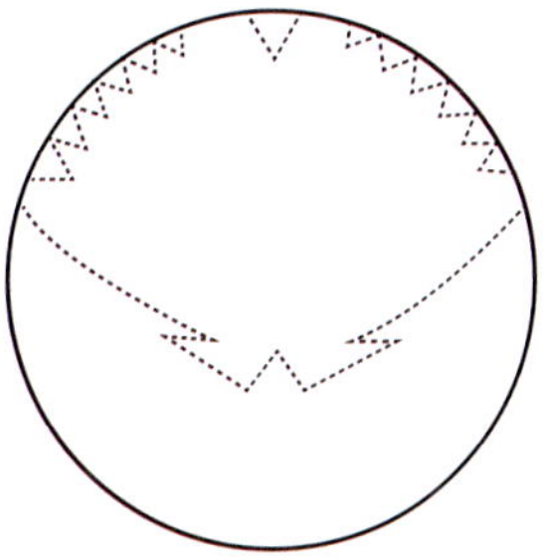

1. 取一个大圆形块，并将圆弧修圆。
2. 在圆弧面中间点切划一个V形凹槽，再从凹槽左右开始各切划出6个小V形凹槽，在左右两边以弧形刀法切出类似扇状。
3. 在扇状的另一面，中间点切划一个V形凹槽，在凹槽两边进行修整，料头花形成。

*感谢南开科技大学-异国点心料理社-卢振贤同学协助胡萝卜基础盘饰文稿修润。

笔记

# 2 | 黄瓜基础盘饰
（中式料头花盘饰单品-黄瓜组合盘饰、黄瓜装饰展台）

## 2-1 星星柱

（中式料头花盘饰单品-黄瓜盘饰）

1. 取小黄瓜中段，距上端1.5厘米处插入牙签。
2. 每支牙签等距约2厘米插上。
3. 距底部1.5厘米处插入牙签，每支牙签等距为2厘米。
4. 除去牙签，将刀放在黄瓜中心，再持刀以中指顶住外皮，可得知黄瓜半径深度。
5. 用刀尖从标记处插入，至黄瓜中心定刀，再由上至下、由下至上划切。
6. 将头尾拉离，一分为二，完成。

## 2-2 瓜子排一

（中式料头花盘饰单品-黄瓜盘饰）

1. 取1/4条大黄瓜去籽备用。
2. 斜刀7厘米长切除大黄瓜头部。
3. 上端保留 1 厘米不切断，拉刀切0.2厘米薄片2片连接在一起。
4. 最后一刀切断。
5. 用推刀法从连接端切到扇口，必须保留1.5厘米不能断。
6. 左手拿住大黄瓜连接端，取第二片用右手按住薄片中段往内翻折固定，完成。

## 2-3 瓜子排二

（中式料头花盘饰单品-黄瓜盘饰）

1. 取1/4条大黄瓜去籽备用。
2. 斜刀7厘米长切除大黄瓜头部。
3. 上端保留 1 厘米不切断，拉刀切0.2厘米薄片5片连接在一起。
4. 最后一刀切断。
5. 用推刀法从连接端切到扇口，必须保留1.5厘米不能断。
6. 左手拿住大黄瓜连接端，取第二片用右手按住薄片中段往内翻折固定。
7. 用一片翻折、一片不翻的方式逐一完成造型，完成。

## 2-4 帆船一

（中式料头花盘饰单品-黄瓜盘饰）

1. 取1/4条大黄瓜去籽备用。
2. 斜刀7厘米长切除大黄瓜头部。
3. 上端保留 1厘米不切断，拉刀切0.2厘米薄片4片连接在一起。
4. 最后一刀切断。
5. 用推刀法从连接端切到扇口，必须保留1.5厘米不能断。
6. 左手拿住大黄瓜连接端，取第二片用右手按住薄片中段往内翻折固定。
7. 除第一片和最后一片不翻折之外，其余均往外翻折，插入固定，完成。

## 2-5 帆船二

（中式料头花盘饰单品-黄瓜盘饰）

1. 取1/4条大黄瓜去籽备用。
2. 斜刀7厘米长切除大黄瓜头部。
3. 上端保留 1厘米不切断，拉刀切0.2厘米薄片5片连接在一起。
4. 最后一刀切断。
5. 用推刀法从连接端切到扇口，必须保留1.5厘米不能断。
6. 左手拿住大黄瓜连接端，取第二片用右手按住薄片中段往内翻折固定。
7. 除第一片和最后一片不翻折之外，其余均要翻折，插入固定，完成。

## 2-6 帆船三

（中式料头花盘饰单品-黄瓜盘饰）

1. 取1/4条大黄瓜去籽备用。
2. 斜刀7厘米长切除大黄瓜头部。
3. 上端保留1厘米不切断，拉刀切0.2厘米薄片7片连接在一起。
4. 最后一刀切断。
5. 用推刀法从连接端切到扇口，必须保留1.5厘米不能断。
6. 左手拿住大黄瓜连接端，取第二片用右手按住薄片中段往外翻折固定。
7. 用一片翻折、一片不翻的方式逐一完成造型。翻折的黄瓜片须插入固定，完成。

## 2-7 皮雕叶一

（中式料头花盘饰单品-黄瓜盘饰）

1. 取1/4条大黄瓜去籽备用。
2. 用小尖刀划切出三角形。
3. 叶子两侧要一致。
4. 在等腰的一个斜边切出2个V形凹槽。
5. 在另一斜边也切出2个V形凹槽，形成树叶状，完成。

## 2-8 皮雕叶二

（中式料头花盘饰单品-黄瓜盘饰）

1. 取1/4条大黄瓜去籽备用。
2. 在大黄瓜皮上切划出线条。
3. 两侧弧度要一致。
4. 将大黄瓜绿色表皮削约0.15厘米厚的片段，不削断。
5. 再削一层大黄瓜果肉。
6. 分别将1层的大黄瓜皮向内折，完成。

## 2-9 皮雕叶三

（中式料头花盘饰单品-黄瓜盘饰）

1. 取1/4条大黄瓜去籽备用。
2. 用小尖刀划切出圆弧状的叶形。
3. 叶子两侧弧度要一致。
4. 在叶子中央切出中央叶脉。
5. 再从底部到叶子尖端，逐一雕刻出左右两侧的细叶脉。
6. 修饰叶子边缘，切刻出叶子的造型，完成。

## 2-10 皮雕叶四

（中式料头花盘饰单品-黄瓜盘饰）

1. 取1/4条大黄瓜去籽备用。
2. 从1/3半圆弧处往半圆块1角直切1刀，另一角也重复同样动作，形成等腰三角形的块状。
3. 在等腰的两个斜边切出3个V形凹槽，形成树叶状。
4. 中央也刻划出大V形。
5. 表皮削约0.15厘米厚的片段，不削断。
6. 分别将1层的大黄瓜皮往外折，完成。

## 2-11 竹子

（中式料头花盘饰单品-黄瓜盘饰）

1. 取小黄瓜两条、胡萝卜片两片。
2. 将黄瓜切成长度不等的黄瓜段。
3. 用小尖刀先切出竹节，在离顶底2厘米的地方划上一圈。
4. 削中间部分果皮，刻划出叶子备用。
5. 将做好的黄瓜竹节置于胡萝卜片上。
6. 再用黄瓜皮叶子利用牙签点缀，完成。

# 3 | 白萝卜基础盘饰

（中式料头花盘饰单品-白萝卜装饰展台）

## 白萝卜花

（白萝卜基础盘饰）

1. 白萝卜切成等边五角形。
2. 从原料平面上斜刀进入，将花瓣形状确定，五个花瓣同样大小，从底部看成正五边形。然后沿花瓣边缘下刀，将第一层花瓣雕刻出来。
3. 采用旋刀法进行雕刻，每两个花瓣之间下刀去废料，形成一个弧面，从底部开始确定花瓣形状。然后用旋刀法将花瓣雕刻出来。将接下来花瓣用同样的方法去雕刻。
4. 采用相同的雕刻方法，下刀角度逐渐倾斜将原料修成尖锥形，依次将花瓣雕刻完成。
5. 并用手指将花瓣稍往外翻，使其呈现花瓣盛开的形态，染色，完成。

笔记

# 4 | 进阶篇盘饰

（中式料头花雕饰-高难度盘饰组合）

4-1 蝴蝶结

（中式料头花雕饰-高难度）

4-2 玫瑰

（中式料头花雕饰-高难度）

## 4-3 天鹅

（中式料头花雕饰-高难度）

1. 取白萝卜大约6厘米高度，将左右两侧切除，底部与上侧切平。
2. 前端划出微圆的线条，将废料取出，切出尾巴。
3. 后端修出微圆线条，中心呈现一个圆，形成头部和颈脖的轮廓，并量出嘴巴的距离。并在前端切入，形成头部，头部两边修饰对称。
4. 切出尾巴与颈脖形状，于后端划出尾巴线条，并将身体修圆滑。
5. 刻出鹅头线条，并找出嘴巴位置，下刀刻出嘴巴。
6. 取一厚片雕出小S曲线，刻出翅膀的羽毛形体。
7. 在天鹅身体侧面点上速干胶，粘上翅膀，使之固定，完成。

## 4-4 鲤鱼

（中式料头花雕饰-高难度）

1. 取胡萝卜大约6厘米高度，将左右两侧切除，底部与上侧切平。
2. 雕刻出鱼形，上下鳍不可切掉。
3. 在鱼身与鱼鳍交界处下切0.5厘米，再横向切除鱼鳍表面，做出高低层次感。
4. 将胡萝卜边缘直角处细修成圆弧，再雕出鱼鳃、鱼嘴线条。
5. 以圆槽刀于鱼身切雕出半圆鱼鳞片，第一刀斜45度，第二刀斜40度切出立体感。
6. 以尖形槽刀于鱼尾、鱼鳍部位，由外往内挖出线条。
7. 用小圆槽刀将鱼眼处挖出小孔，并将鱼眼珠用速干胶粘入鱼眼孔内，完成。

笔记

*感谢徐绍伦师傅协助料头花基础盘饰制作、刘洁吟老师文稿修润。

# Part 3

# 摆盘装饰

# 1 | 中式摆盘装饰

（中式料头花盘饰-中式摆盘）

笔记

# 2 | 水果拼盘

*感谢林韦廷同学协助水果拼盘。

# 3 | 蔬果动物造型
（可爱动物展台）

*感谢徐绍伦师傅协助蔬果动物园制作。

# Part 4

# 装饰物制作

# 1 | 法国面包

## 材料

| | 材料名称 | 单位 | 数量 |
|---|---|---|---|
| 液种 | 法国粉 | 克 | 826 |
| | 低糖酵母 | 克 | 1 |
| | 矿泉水 | 克 | 826 |
| 面团 | 法国粉 | 克 | 1652 |
| | 水 | 克 | 826 |
| | 麦芽精 | 克 | 3 |
| | 低糖酵母 | 克 | 15 |
| | 盐 | 克 | 41 |
| | 液种 | 克 | 1652 |

**焙烤温度：**面火230~240℃、底火210~230℃

**焙烤时间：**全程15~35分钟

**烤盘大小：**1盘（42厘米×61厘米）

## 做法（培养液种－基础发酵60分钟，冷藏隔夜）

1. 擦洗器具、工作台
2. 设定炉温（上火230℃、下火210℃）
3. 制程

①称量材料。

②面团制作：所有材料一起搅拌均匀，完成后面团温度 21 ~ 23℃。

③基本发酵：【温度 28℃、相对湿度 75%、时间约 80 分钟】40 分钟翻面。

④分割：（1）350 克 ×6 个；（2）550 克 ×2 个；（3）165 克 ×6 个。【滚圆】。

⑤中间发酵：【常温】15 ~ 20 分钟。

⑥整形：【常温】15 ~ 20 分钟。（1）搓长 57 厘米；（2）条状；（3）两种造型 ×各 3 个。

⑦最后发酵：40 ~ 50 分钟。

4. 焙烤

入炉以面火230~240℃、底火210~230℃，烤15~35分钟，通蒸汽。

5. 出炉，待冷却。
6. 将产品以卫生手法移置于产品筐中，成品。

# 2 | 泡芙

## 材料

| | 材料名称 | 单位 | 数量 |
|---|---|---|---|
| 泡芙体 | 无盐奶油 | 克 | 420 |
| | 水 | 克 | 420 |
| | 高筋面粉 | 克 | 420 |
| | 全蛋 | 个 | 15 |
| 菠萝皮 | 无盐奶油 | 克 | 75 |
| | 细砂糖 | 克 | 50 |
| | 低筋面粉 | 克 | 90 |
| 内馅A | 牛奶 | 克 | 500 |
| | 卡士达粉 | 克 | 190 |
| | 植物性鲜奶油 | 克 | 500 |
| | 朗姆酒 | 茶匙 | 1 |
| 内馅B | 红豆馅 | 克 | 400 |
| | 动物性鲜奶油 | 克 | 320 |
| 冷冻起酥片 | | 个 | 5 |
| 装饰 | 猕猴桃2个、水蜜桃片4片、覆盆子10个、苹果1个、香吉士1个（选用）、深黑与纯白巧克力、防潮糖粉、薄荷叶 | | |

注：菠萝皮的材料拌匀后，搓成条状后冷冻。在泡芙挤好后，可以将冷冻后的菠萝皮切片，盖在上面去烘烤，这样就会形成菠萝泡芙。

**焙烤温度：**上下火各200℃烤15分钟，上下火各150℃烤15分钟

**焙烤时间：**全程约30分钟　　**烤盘大小：**2盘（42厘米×61厘米）

## 做法

### 泡芙体

1. 奶油加水煮开（确定奶油完全溶化）。鸡蛋先打成全蛋液，如果鸡蛋是冰的，需隔水边加热边搅拌，回温，乳化效果比较好。
2. 倒入已过筛的面粉拌炒，火持续开着，完全糊化后，倒入另一搅拌缸中，避免加蛋时底部结皮的物质打不散，影响面糊品质。
3. 面糊降温至60～65℃，避免温度过高时加蛋液导致蛋液熟了。蛋液分数次慢慢加入拌匀。
4. 用裱花袋套花嘴，填挤造型。注意间隔距离，烤焙时会膨胀，表面喷一点雾水，入炉烘烤（前半段避免开炉门导致面糊严重收缩）。
5. 出炉冷却后，即可进行内馅填挤装饰，成品。

### 内馅

1. 内馅A：将鲜奶油加朗姆酒打发至八成，牛奶加卡士达粉拌匀，与打发鲜奶油拌匀即可。
2. 内馅B：将鲜奶油（可打发）与红豆馅拌匀即可。

# 3 | 果干

## 一、挑选水果

挑选制作果干的水果，最好选择已经熟透的水果，不仅美味，营养价值也较高，连皮一起烘干的话还能补充膳食纤维。

## 二、准备

1. 仔细清洗水果，去除梗、籽和瑕疵部分后，切成0.5厘米厚的片状。
2. 如果是有机水果，就可以连皮一起烘干，不过带皮面要朝下才能避免果汁滴到托盘上。
3. 莓果类需去除蒂头后能整颗置入，并要表面上划一刀后才能风干。

## 三、前置处理

1. 容易氧化变色的水果，如苹果、梨子、香蕉等，可以先用含有维生素C的果汁浸泡。
2. 可采用柠檬汁或是柳橙汁浸泡。

## 四、干燥方法

1. 将切片的水果放在干燥托盘上，但不要堆叠，保证空气自由流动。
2. 若有较难干燥的食材可以在过程中翻面或调整托盘的位置。

## 五、烤焙建议

150℃烤焙3小时左右。

▲托盘干燥

▶焙烤干燥

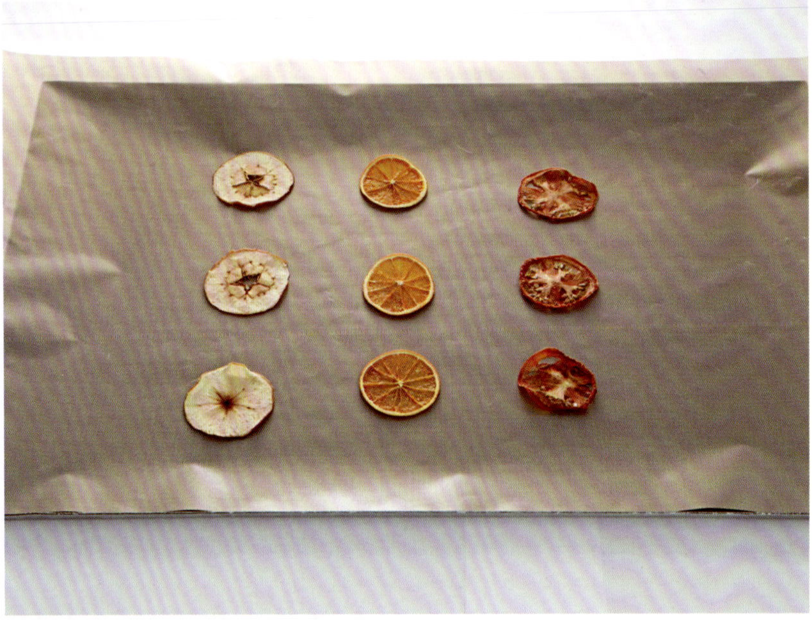

# 4 | 炸物

▲采用春卷皮

►采用虾片

▲采用米粉

▶采用意大利面与黑芝麻

▼采用面线

*感谢张庭馨同学协助炸物装饰。

# 5 | 鲜奶油

**材料只需要鲜奶油即可。必定要放在冰箱冷藏，打发前才从冰箱取出。**

1. 鲜奶油置于搅拌缸，先用慢速打发，打发约2分钟，会有泡沫出现。
2. 然后转以中速打发3分钟，可用手不停转动碗，鲜奶油慢慢变稠。
3. 最后以高速打发1～2分钟至末端坚挺即成。

242

*感谢王俊胜师傅与詹佩药同学协助鲜奶油装饰与文稿修润。

# 6 | 巧克力装饰片

**巧克力装饰片盘饰**（使用非调温巧克力）

1. 熔化巧克力（隔水加热或是微波）。
2. 填入裱花袋、三明治袋，开始填挤。

**运用**

1. 了解巧克力特性，塑料类不会粘黏，外观要亮一点，可刷一层薄薄的色拉油。
2. 不锈钢模具，使用前先刷一层薄薄的色拉油，冷冻后，取出，画巧克力线条。
3. 表面于凝固前，可以撒上翠绿开心果碎、珍珠糖或是坚果碎。
4. 可塑巧克力的应用。

| 材料（克） | | 做法 |
|---|---|---|
| 巧克力 | 1000 | 1. 巧克力隔水熔化，温度不超过45℃。<br>2. 细砂糖加水拌匀后煮沸，麦芽糖加入拌匀，降温至30℃。<br>3. 将熔化巧克力与糖水一同拌匀。<br>4. 倒在大理石桌上冷却，揉成团状备用。<br>5. 依需求捏塑整形，成品。 |
| 细砂糖 | 60 | |
| 水 | 60 | |
| 麦芽糖 | 275 | |
| 玉米粉（手粉） | 适量 | |
| 注：<br>＊如果采用饮用水，与细砂糖及麦芽糖，加热拌匀即可，无须煮沸。<br>＊储放装入塑料袋内压平备用。 | | |

5. 可塑巧克力的染色。
   取部分白可塑巧克力，滴入所需颜色，戴卫生手套揉匀，刚调色的可塑巧克力较软黏，建议静置4小时后再操作，当然，室温是重要因素。
6. 模具压花，利用擀面棍擀薄，利用模具整形，防粘可以使用玉米粉。
7. 捏塑玫瑰花，可塑巧克力压薄，花边略为整形，呈现自然状，花心卷起，依序往外粘贴，组装后表面可以利用水彩笔刷亮粉，备用。

# 7 | 薄木片

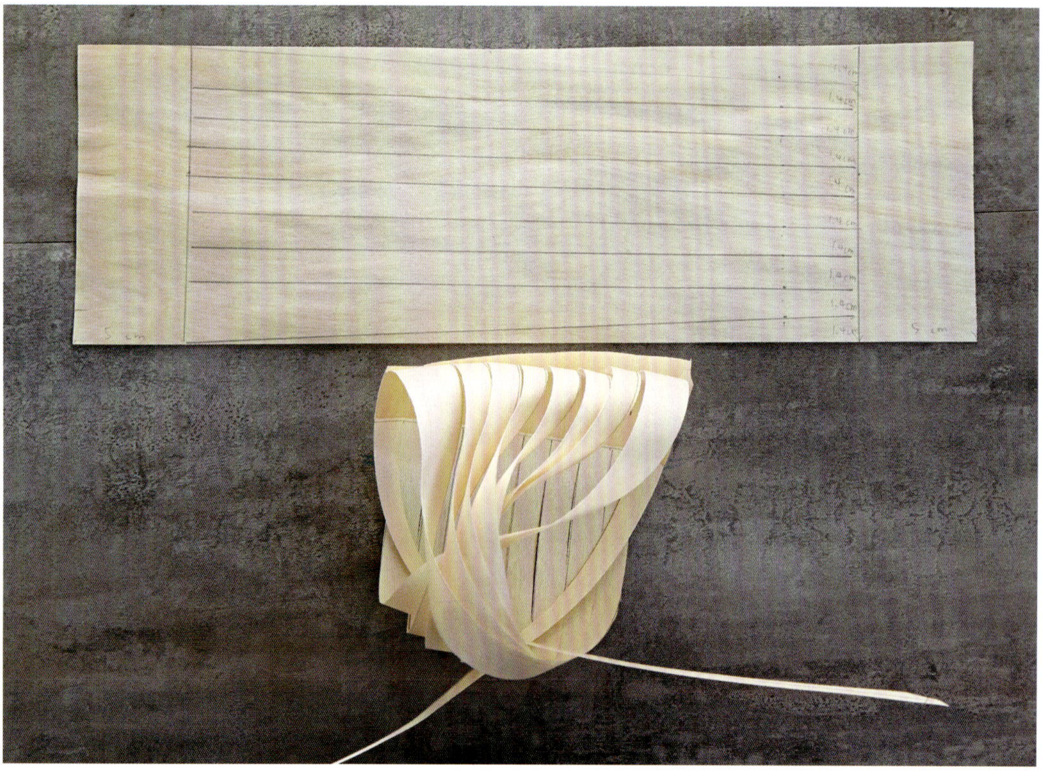

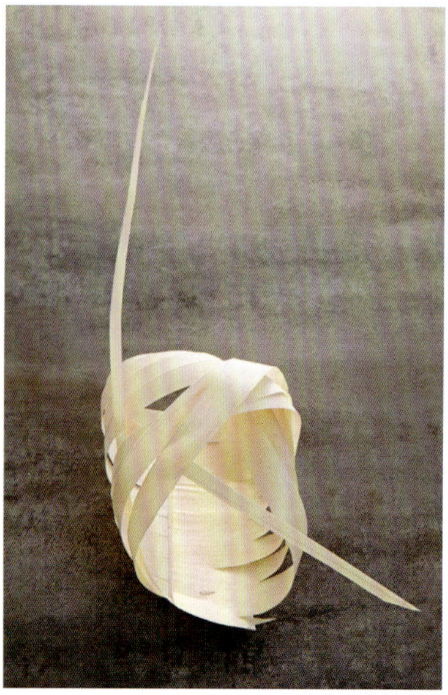

## 切法一

1. 取约42厘米的薄木片，铺平于砧板，以长尺及铅笔于木片前后各约5厘米处做记号，以1.4厘米为间隔画直线，上下画斜线。
2. 用雕刻刀切割，前后5厘米不切。
3. 拿起两端将5厘米处旋转重叠。
4. 用订书机固定重叠处，将长条从切口抽出即可。

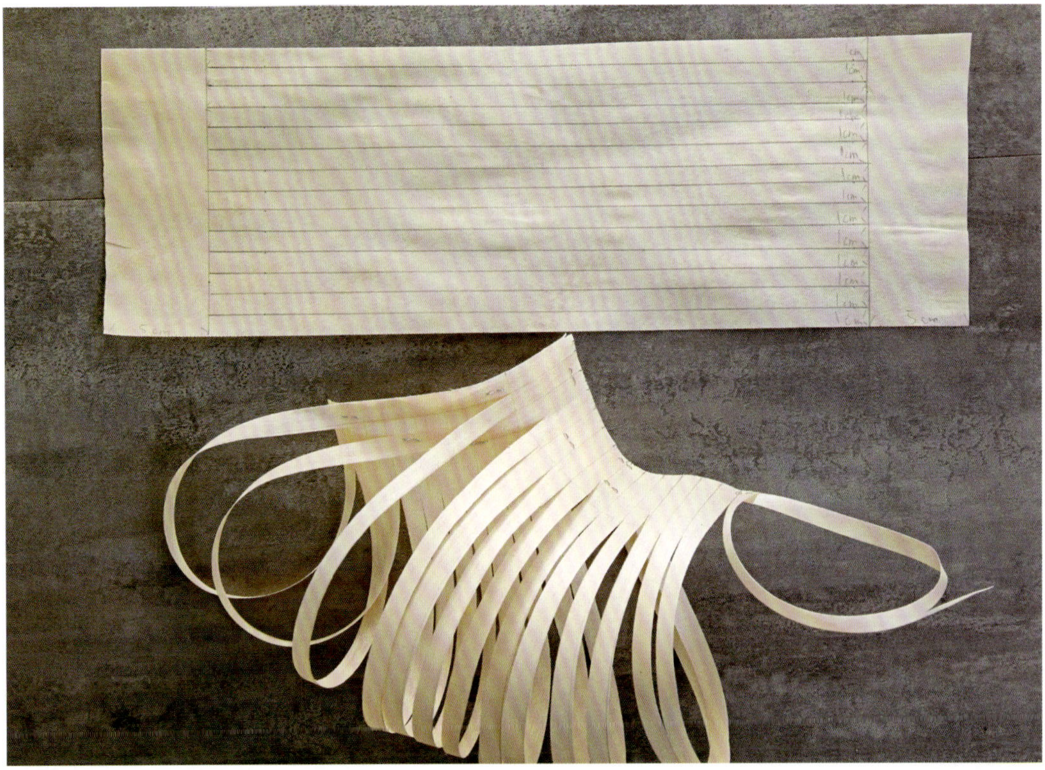

## 切法二

1. 取约42厘米的薄木片，铺平于砧板，以长尺及铅笔于木片前后各约5厘米处做记号，以1厘米为间隔画直线。
2. 用雕刻刀切割，前后5厘米不切。
3. 拿起两端将5厘米处旋转重叠。
4. 用订书机固定重叠处即可。

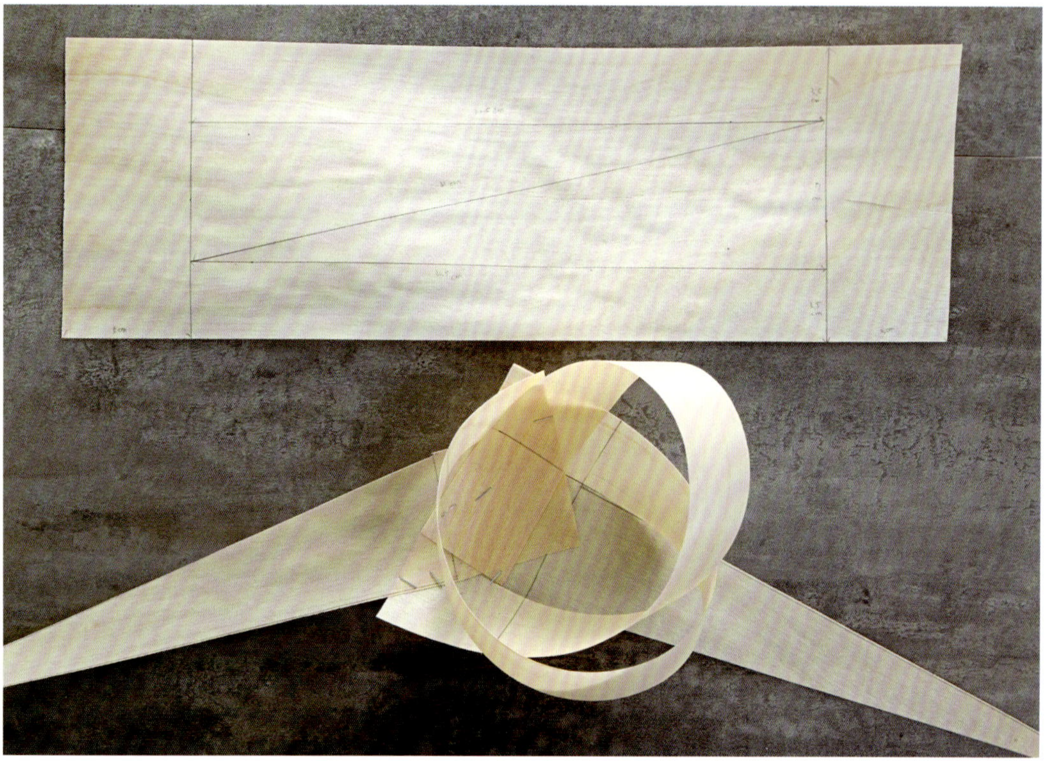

## 切法三

1. 取约42厘米的薄木片，铺平于砧板，以长尺及铅笔于木片前后各约5厘米处做记号，将宽度划分为上下3.5厘米、中间7厘米，画直线，在中间部分画对角线。
2. 用雕刻刀切割，前后5厘米不切。
3. 拿起两端将5厘米处旋转重叠。
4. 用订书机固定重叠处，将长条从切口抽出即可。

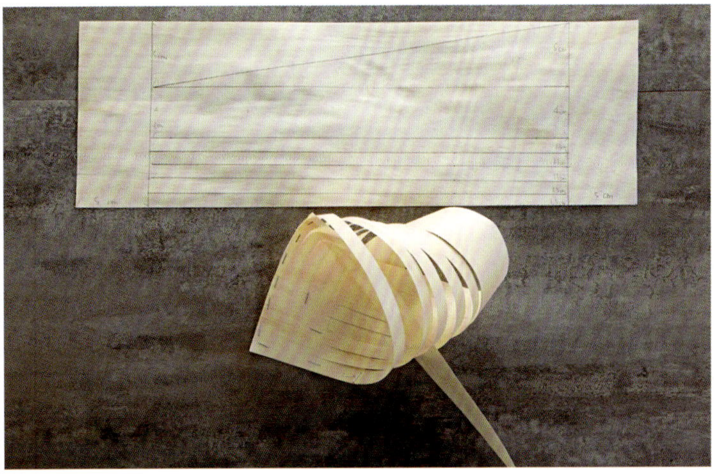

**切法四**

1. 取约42厘米的薄木片，铺平于砧板，以长尺及铅笔于木片前后各约5厘米处做记号，将长方形划分为宽5厘米、4厘米和5条宽约1.3厘米的长条，画直线，在5厘米长条处画对角线。
2. 用雕刻刀切割，前后5厘米不切。
3. 拿起两端将5厘米处旋转重叠。
4. 用订书机固定重叠处，将长条从切口抽出即可。

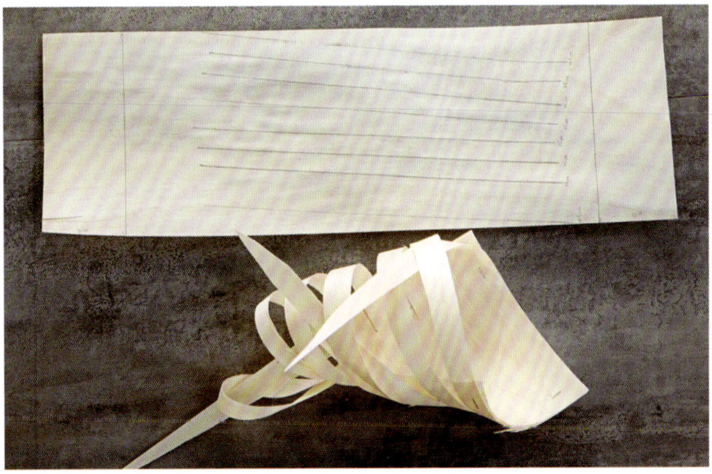

**切法五**

1. 取约42厘米的薄木片，铺平于砧板，以长尺及铅笔于木片前后各约5厘米处做记号，画7条长约25厘米的平行的斜线。
2. 用雕刻刀切割，前后5厘米不切。
3. 拿起两端将5厘米处旋转重叠。
4. 用订书机固定重叠处，将长条从切口抽出即可。

*感谢杨裕能师傅协助薄木片装饰制作。

# 8 | 餐巾

## 盘花

- 济公帽（皇冠）
- 帆船
- 雨后春笋
- 西装
- 服装
- 土地公
- 三明治（帐篷）
- 法国折（步步高升）
- 野玫瑰
- 星光灿烂
- 立扇
- 千层塔

## 杯花

- 蝴蝶（雄性）
- 蝴蝶（雌性）
- 天堂鸟

## 服务用

- 莲花座
- 餐具口袋
- 酒瓶领带

## 盘花 济公帽（皇冠）

❶ 将餐巾摊开呈正方形，反面朝上，由下往上对折成长方形。

❷ 将右上角往下折，左下角往上折至中间线。

❸ 餐巾翻面，由上往下对折。

❹ 将左边底下三角形拉出来。

❺ 将右边三角包入左边三角内，翻面，重复刚才的操作。

❻ 即完成。

## 盘花 帆船

❶ 将餐巾摊开呈正方形，反面朝上，对折再对折成 1/4 的正方形。

❷ 开口在上面，对折呈三角形。

❸ 将两边折至中线。

❹ 下面多余部分往下凹。

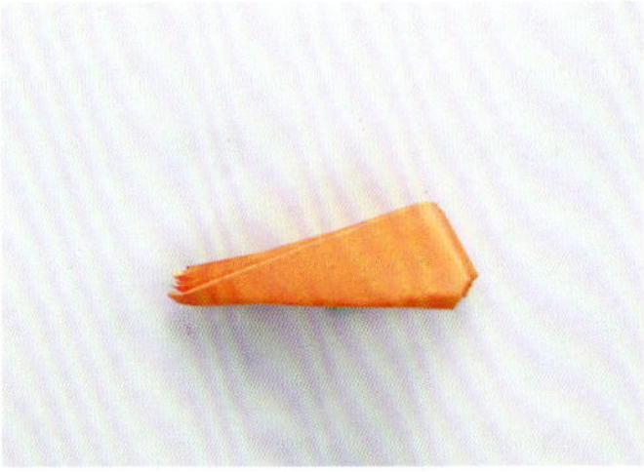

❺ 用左手握住餐巾两边。

❻ 右手将四层一一往上拉起即完成。

# 盘花 雨后春笋

❶ 将餐巾摊开呈菱形状，反面朝上，由下往上对折出大三角形。

❷ 把两边对齐中间呈菱形状。

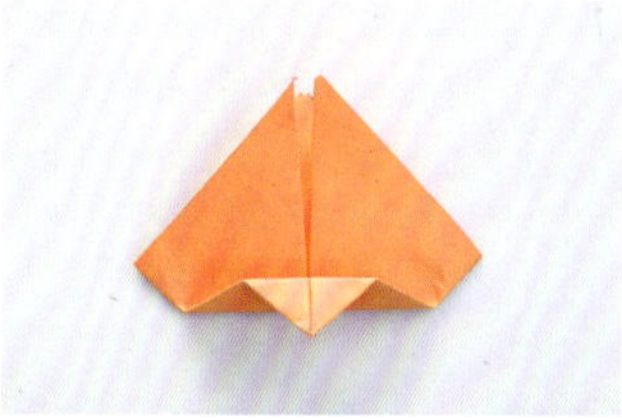

❸ 将下方的角柱上折约 1/3 处，再将餐巾往下反折。

❹ 将餐巾翻面，抓起两侧把右边的角折入左边的角的折缝中。

❺ 撑开为圆柱体形，将两侧帽角往下翻开即完成。

## 盘花 西装

❶ 将餐巾摊开呈菱形状，反面朝上。

❷ 由上往下对折出倒三角形。

❸ 把两边对齐中间呈菱形状，开口向下。

❹ 将左右两边角柱往中间线折，呈类似风筝的形状。

❺ 下边的角柱往上折约 1/3（此部分可视盘面直径大小决定）。

❻ 翻面将上端翻成领子形状即完成。

## 盘花 服装

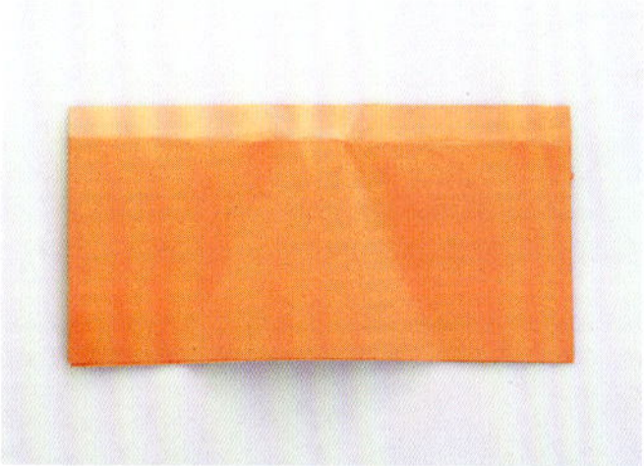

❶ 将餐巾摊开呈菱形状，反面朝上，由下往上对折出长方形。

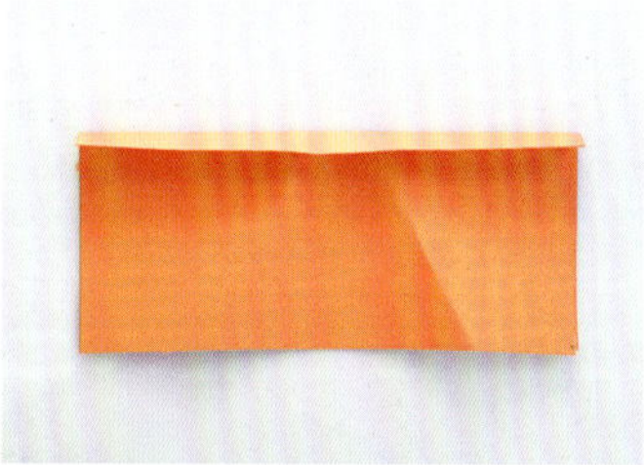

❷ 将底部小折，再翻面。

❸ 量约两指宽，右边在下左边在上。

❹ 翻面。

❺ 两边折至中间，多余部分往上折即完成。

## 盘花 土地公

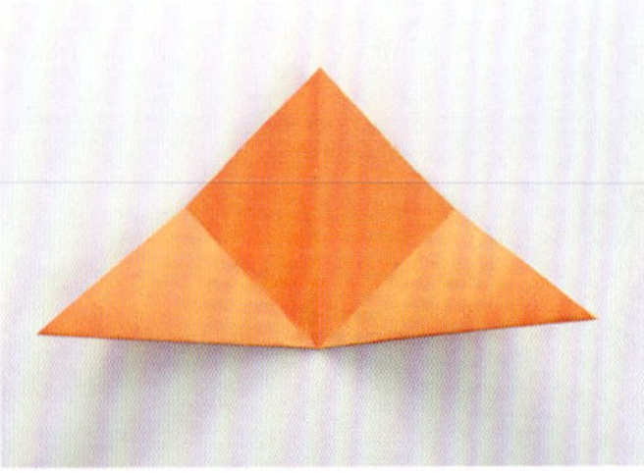

❶ 将餐巾摊开呈菱形状，反面朝上，由下往上对折出大三角形。

❷ 把两边对齐中间。

❸ 呈菱形状。

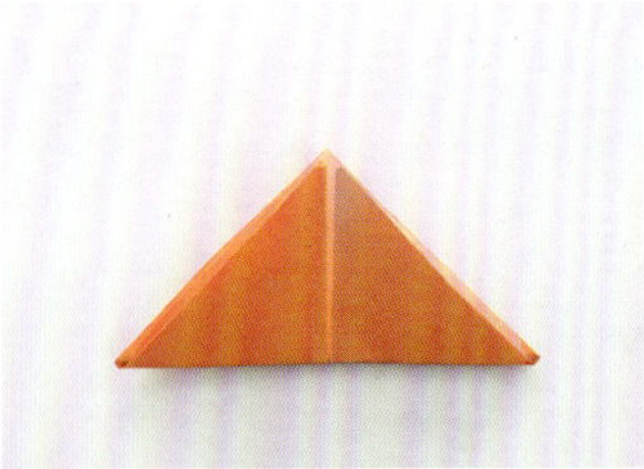

❹ 翻面，由下往上折出三角形。

❺ 抓起两侧把右边的角折入左边的角的折缝中。

❻ 撑开为圆柱体，将两侧帽角往下翻开即完成。

## 盘花 三明治（帐篷）

❶ 将餐巾摊开呈菱形状，反面朝上，由上往下对折出倒三角形。

❷ 把两边对齐中间呈菱形状，开口向下，翻面。

❸ 由下往上折成三角形。

❹ 由右往左将餐巾对折。

❺ 将餐巾站立即完成。

## 盘花 法国折（步步高升）

❶ 将餐巾摊开呈正方形，反面朝上，由上往下折 1/3。

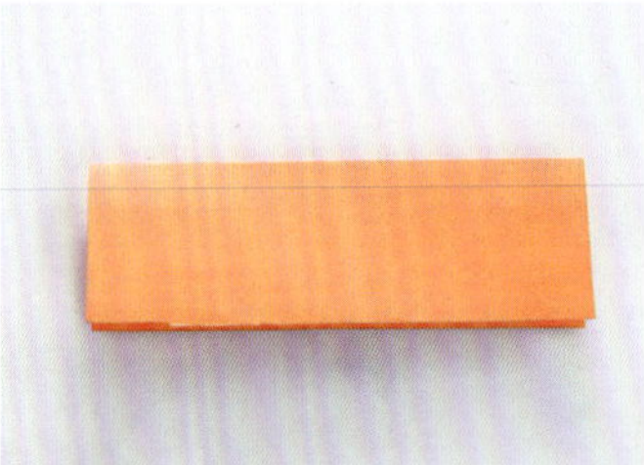

❷ 再由下往上折 1/3，成一长条形。

❸ 长条的左两端折至中线。

❹ 长条的右两端折至中线。

❺ 在中间处往后折，将最上层的折边往后拉即完成。

## 盘花 野玫瑰

❶ 将餐巾摊开呈正方形，反面朝上，由下往上对折成长条形，再由下往上对折成 1/4 长条形。

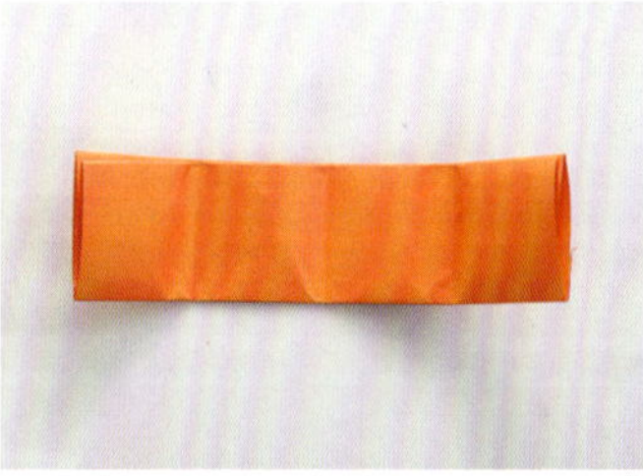

❷ 左右两侧往中间对折。

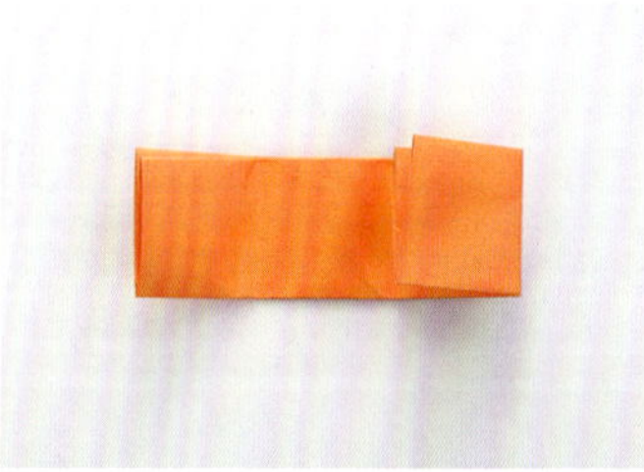

❸ 左上角与右上角往下折至中间线，将餐巾上下翻转。

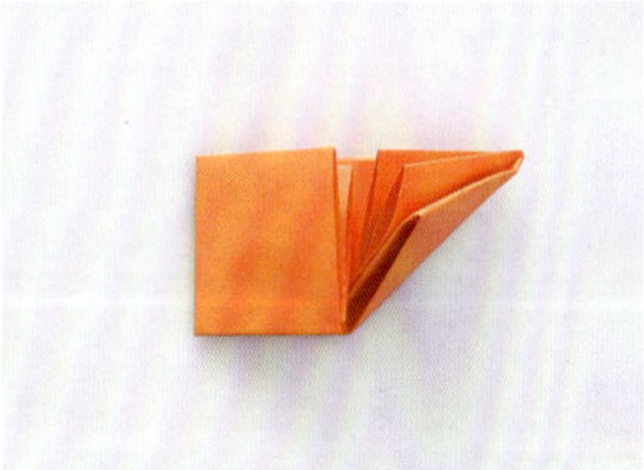

❹ 抓起两边角。

❺ 往外翻转。

❻ 将右侧塞入左侧开口处即完成。

## 盘花 星光灿烂

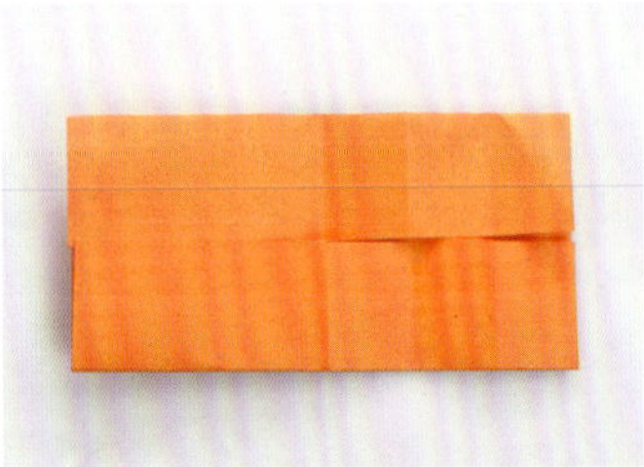

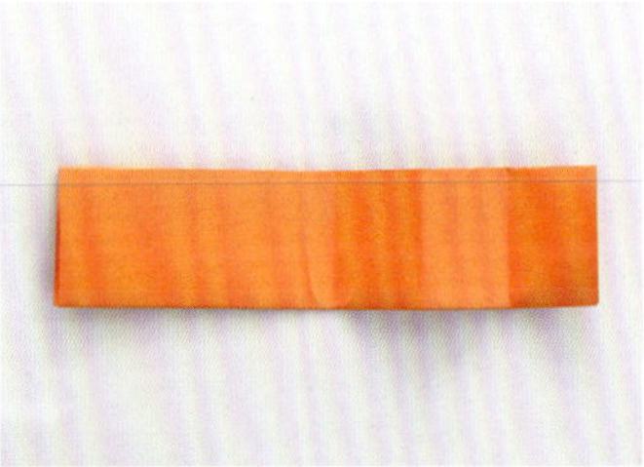

❶ 将餐巾摊开呈正方形，反面朝上，由下往上对折成长条形，再由下往上对折成 1/4 长条形。

❷ 左右两侧往中间对折。

❸ 左右两边分成三等份。

❹ 将双层布向上，以左手虎口握住餐巾下方，右手大拇指、食指将内层的布往下拉成三角形，另外一面以同样方式操作。

❺ 将餐巾摊开即完成。

## 盘花 立扇

❶ 将餐巾摊开呈长方形，反面朝上，由左往右对齐。

❷ 由下往上折两折约 3 厘米。

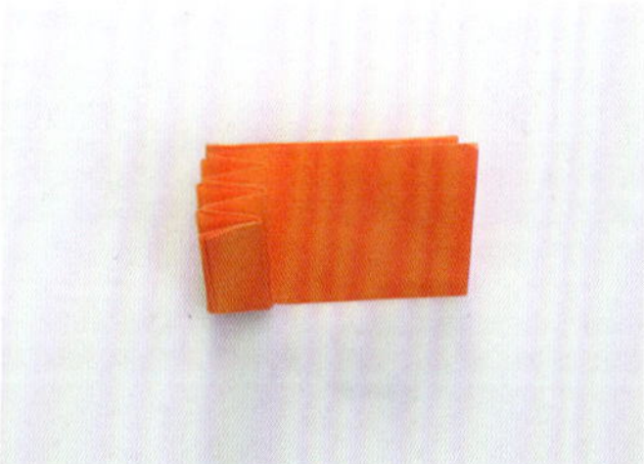

❸ 再向上推折四折半。

❹ 由右向左推折，折边在外。

❺ 顺时针转 90 度，右侧往内折取。

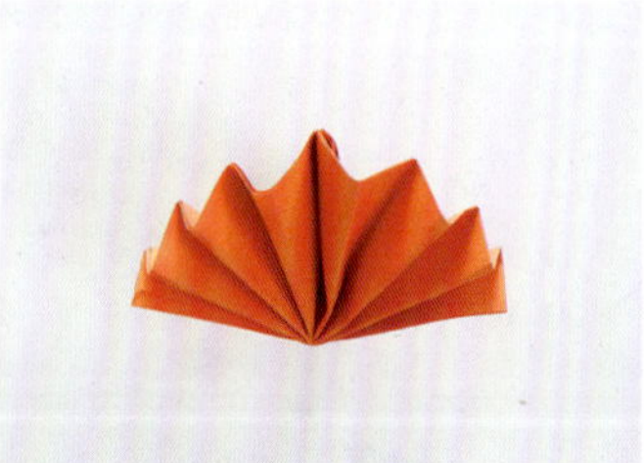

❻ 右上角折到左下角折层中，立即餐巾左右摊开即完成。

# 盘花 千层塔

❶ 将餐巾摊开呈正方形，反面朝上，折出 1/4 正方形，开口处朝下。

❷ 将一片一片往上折成三角形。

❸ 以同样方式操作。

❹ 将餐巾翻面，从右端折向左端塞入里面，立成圆柱体。

❺ 由上往下一片一片折下来，倒的三角形即完成。

## 杯花 蝴蝶（雄性）

❶ 将餐巾摊开呈正方形，反面朝上。

❷ 左右往对折成长条形，四边折出小三角。

❸ 由下往上用卷的方式卷至中间，到中间时以推折的方式。

❹ 对折一半放入杯中摊开，即完成。

## 杯花 蝴蝶（雌性）

◀（左页大图）

❶ 将餐巾摊开呈正方形，反面朝上。

❷ 左右往对折成长条形，四边折出小三角。

❸ 由下往上用卷的方式卷至中间，到中间时以推折的方式。

❹ 以折扇子的方式折到底，底折一半放入杯中摊开，即完成。

## 杯花 天堂鸟

❶ 将餐巾摊开呈正方形，反面朝上，开口在上面，对折呈三角形。

❷ 将两边折至中线。

❸ 下面多余部分往下凹。

❹ 以左手握住餐巾两边。

❺ 右手将四层一一往上拉起放入杯中即完成。

## 服务用 莲花座

❶ 将餐巾摊开，反面朝上，四边折至中心。

❷ 四边折至中心。

❸ 将餐巾翻面，再四边折至中心。

❹ 摊开底下。

❺ 即完成。

## 服务用 餐具口袋

❶ 将餐巾摊开呈，反面朝上，折出 1/4 的正方形，开口处朝右上。

❷ 将第一层布往内对折。

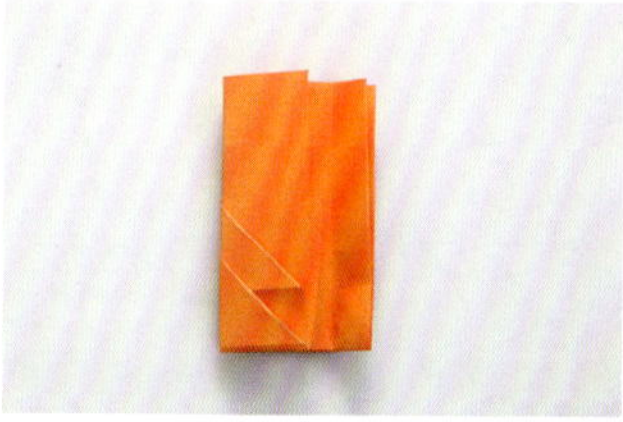

❸ 第二层布往内折约 1/3。

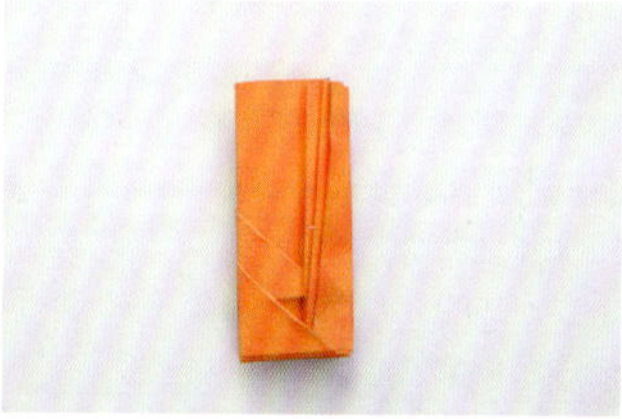

❹ 将餐巾上下两侧各住后折约 1/3。

❺ 将上层的右后下角塞入下层的右下角即完成。

## 服务用 酒瓶领带

❶ 将餐巾摊开呈正方形。

❷ 反面朝上。

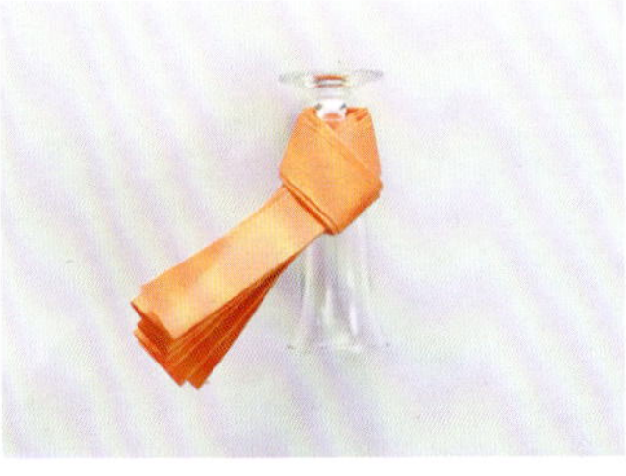

❸ 以折扇子的方式折到底，放入酒瓶的平颈，左边约 1/4 左右折往上塞入里面即完成。

*感谢王媃歆与王湘茹同学协助餐巾折叠与文稿修润。

M
CHR

# Part 5

# 装饰应用

# 1 | 撒粉盘饰

**准备工作**

1. 找寻自己喜欢的图片下载打印或者选择自己手绘图。
2. 取一张L夹，摆上图片上并固定。
   （用回形针或是订书针）
3. 运用美工刀（小刀）把图案外观割出。
4. 小心剔除废料，模板即完成。

**运用**

1. 白色瓷盘可以使用防潮可可粉或抹茶粉。
2. 深色盘子可以运用防潮糖粉。
3. 进阶可以使用巧克力喷雾机（可可脂与巧克力1：1熔化，倒入机器即可操作）。

Love

*感谢郑宇娉同学协助撒粉盘饰与文稿修润。

# 2 | 巧克力酱画盘

### 准备工作

1. 利用裱花袋或三明治袋，装入巧克力淋酱，开始填挤。
2. 转台上面，铺上防滑布，利用毛刷或是棉花棒下去绘制。

### 运用

巧克力淋酱在室温下会比较稀，如果需要浓稠一点，可以先将巧克力淋酱放冰箱冷却后，再取出使用。

Happy
Birthday

# 3 | 酱汁盘饰

**准备工作**

1. 利用裱花袋、三明治袋，装入酱汁，开始填挤。
2. 也可运用画盘笔或是酱汁软管画壶绘制。
3. 搭配汤匙或是牙签等小工具。

**运用**

1. 冷冻果泥

   果泥500克+细砂糖150克+水400克+玉米粉25克，一同小火煮沸即可，起锅可酌量添加白兰地、香橙酒等提味。
2. 卡士达馅

   卡士达预拌粉130克+鲜奶500克拌匀，可酌量添加香草籽等提味。
3. 冷冻果泥酱汁，除了用于画盘装饰，淋在干酪上面或是与甜点一同食用，都非常对味（常见覆盆子、芒果、杏桃、草莓、百香果等）。

   注：卡士达预拌粉，使用非常方便，每个厂家胶质添加量不一，湿性材料酌量斟酌，拌好后冷藏，隔天使用如果流动性不好，可再增加鲜奶搅拌调整。
4. 另外流行的果酱画盘，除了可以购买厂家调制好的果酱包外，大量操作可以去烘焙材料店采购镜面果胶或是（杏桃果胶）与色素拌匀过筛使用，此颜色呈现会比较透，如果要饱和一点，可以酌量添加炼乳或白色素。

# 4 | 蛋白霜画盘

| 材料（克） | | 做法 |
|---|---|---|
| 蛋白 | 64 | 1. 蛋白以快速打至有少许气泡出现。<br>2. 加细砂糖与柠檬汁，快速连续打至蛋白变得浓密，并有纹路出现。<br>3. 提起打蛋器会拉起很小的钩，若末端坚挺，就是干性发泡，即成蛋白霜。 |
| 细砂糖 | 115 | |
| 柠檬汁 | 15 | |
| 注：<br>*蛋白要放置于室温，不可沾有蛋黄。<br>*打蛋器及大碗要保持清洁，不能残留水分与油脂，否则无法打发。 | | |

# Part 6

# 进阶应用

# 1 | 饮品与杯饰

| 名称 | 容器 | 内容物 | 装饰物 | 外观 |
|---|---|---|---|---|
| 水果茶 | 旋风杯 | 苹果、番茄、葡萄、猕猴桃、红茶 | 葡萄、草莓、杨桃 | 茶色 |
| 丘比特之吻 | 香槟杯 | 红石榴糖浆、柠檬汁、蝶豆花 | 苹果、蓝莓、剑叉 | 红色、紫色 |
| 奇异之吻 | 可林杯 | 猕猴桃糖浆、柠檬汁、柳橙汁 | 苹果、覆盆子、柠檬、剑叉 | 黄色、绿色 |
| 星空 | 白兰地杯 | 蝶豆花糖浆、雪碧 | 柠檬、火龙果、剑叉 | 蓝色、透明 |
| 摩卡冰沙 | 爱尔兰杯 | 鲜奶、冰块、可可粉 | 巧克力汤匙、核桃 | 咖啡色、白色 |
| 特调优酪乳 | 爱尔兰杯 | 葡萄汁、优酪乳、爱玉 | 巧克力闪电、糖片 | 白色、紫色 |
| 不夜城 | 高脚杯 | 水蜜桃糖浆、柠檬汁、蝶豆花 | 柳橙片、葡萄、剑叉 | 紫色、蓝色、橘色 |
| 黄昏 | 爵士调酒杯 | 橘皮糖浆、柳橙汁、蝶豆花 | 柳橙皮、蓝莓、剑叉 | 透明、黄色、紫色、红色 |
| 抹茶拿铁 | 拿铁杯 | 抹茶粉、牛奶 | 冰奶泡、巧克力玫瑰（红） | 绿色、白色 |

*感谢南开科技大学-饮调社协助饮品与杯饰文稿修润。

## 水果茶

| | |
|---|---|
| 容器 | 旋风杯 |
| 内容物 | 苹果、番茄、葡萄、猕猴桃、红茶 |
| 装饰物 | 葡萄、草莓、杨桃 |
| 外观 | 茶色 |

1. 将水果切丁备用。
2. 将水果倒入旋风杯。
3. 将冰块倒入旋风杯。
4. 用吧叉匙搅拌。
5. 倒入红茶至八分满。
6. 放置装饰物于旋风杯上。

## 丘比特之吻

| | |
|---|---|
| 容器 | 香槟杯 |
| 内容物 | 红石榴糖浆、柠檬汁、蝶豆花茶 |
| 装饰物 | 苹果、蓝莓、剑叉 |
| 外观 | 红色、紫色 |

1. 将冰块倒入香槟杯。
2. 倒入30毫升红石榴糖浆。
3. 倒入15毫升柠檬汁。
4. 用吧叉匙抵住杯口慢慢倒入蝶豆花茶至八分满。
5. 放置装饰物于香槟杯上。

# 奇异之吻

| | |
|---|---|
| 容器 | 可林杯 |
| 内容物 | 猕猴桃糖浆、柠檬汁、柳橙汁 |
| 装饰物 | 苹果、覆盆子、柠檬、剑叉 |
| 外观 | 黄色、绿色 |

1. 用压汁器压取柳橙汁，并倒入公杯备用。
2. 取可林杯加入适量冰块。
3. 用量酒器取猕猴桃糖浆，倒入可林杯内。
4. 用量酒器取新鲜柠檬汁，倒入可林杯内。
5. 用吧叉匙搅拌。
6. 用吧叉匙抵住杯口慢慢倒入柳橙汁至八分满。
7. 放置装饰物于可林杯上。

## 星空

| | |
|---|---|
| 容器 | 白兰地杯 |
| 内容物 | 蝶豆花糖浆、雪碧 |
| 装饰物 | 柠檬、火龙果、剑叉 |
| 外观 | 蓝色、透明 |

1. 将蝶豆花、水、砂糖放入雪平锅在燃气灶上加热。
2. 将煮好的蝶豆花糖水冰镇备用。
3. 倒入冰块至白兰地杯。
4. 倒入蝶豆花糖水至五分满。
5. 用吧叉匙搅拌。
6. 用吧叉匙抵住杯口慢慢倒入无色雪碧汽水至八分满。
7. 放置装饰物于白兰地杯上。

# 摩卡冰沙

| | |
|---|---|
| 容器 | 爱尔兰杯 |
| 内容物 | 鲜奶、冰块、可可粉 |
| 装饰物 | 巧克力汤匙、核桃 |
| 外观 | 咖啡色、白色 |

1. 将可可粉倒入果汁机中。
2. 将鲜奶与冰块按1：3的比例倒入果汁机中打匀。
3. 将冰沙倒入爱尔兰杯中。
4. 放置装饰物并撒上核桃。

# 特调优酪乳

| | |
|---|---|
| 容器 | 爱尔兰杯 |
| 内容物 | 葡萄汁、优酪乳、爱玉 |
| 装饰物 | 巧克力闪电、糖片 |
| 外观 | 白色、紫色 |

1. 将葡萄汁倒入爱尔兰杯中。
2. 将爱玉切碎后倒入。
3. 用吧叉匙抵住杯口慢慢倒入优酪乳。
4. 放置装饰物。

# 不夜城

| | |
|---|---|
| 容器 | 高脚杯 |
| 内容物 | 水蜜桃糖浆、柠檬汁、蝶豆花茶 |
| 装饰物 | 柳橙片、葡萄、剑叉 |
| 外观 | 紫色、蓝色、橘色 |

1. 倒入冰块至鸡尾酒杯。
2. 倒入30毫升水蜜桃糖浆。
3. 用吧叉匙搅拌。
4. 倒入15毫升柠檬汁。
5. 倒入蝶豆花茶至八分满。
6. 放置装饰物。

## 黄昏

| | |
|---|---|
| 容器 | 爵士调酒杯 |
| 内容物 | 橘皮糖浆、柳橙汁、蝶豆花茶 |
| 装饰物 | 柳橙皮、蓝莓、剑叉 |
| 外观 | 透明、黄色、紫色、红色 |

1. 将冰块倒入爵士杯。
2. 倒入30毫升橘皮糖浆。
3. 用吧叉匙搅拌。
4. 倒入柳橙汁至五分满。
5. 用吧叉匙抵住杯口慢慢倒入蝶豆花茶。
6. 放置装饰物。

## 抹茶拿铁

| | |
|---|---|
| 容器 | 拿铁杯 |
| 内容物 | 抹茶粉、牛奶 |
| 装饰物 | 冰奶泡、巧克力玫瑰（红） |
| 外观 | 绿色、白色 |

1. 将抹茶粉倒入小钢杯，倒入50毫升热水，搅拌到没有结块。
2. 将牛奶倒入奶泡壶后冰镇，接着打奶泡。
3. 将抹茶倒入拿铁玻璃杯。
4. 用圆汤匙隔着奶泡倒入牛奶至八分满。
5. 用吧叉匙搅拌。
6. 将奶泡倒入并铺平。
7. 放置装饰物。

# 2 | 菜肴盘饰

◀（左页）装饰：炸物

▲（左）装饰：法国面包、可可粉
▲（右）装饰：水果、鲜奶油
▼装饰：炸物、水果、蔬菜

◀（左上）装饰：水果、蔬菜
（右上）装饰：蔬菜
（左下）装饰：酱汁、蔬菜
（右下）装饰：蔬菜、装饰花

▼装饰：蔬菜

▲装饰：薄木片

◀装饰：薄木片

▶（右页）装饰：法国面包

◀（左页）装饰：黑石子

▶装饰：酱汁、蔬菜

▼装饰：酱汁、装饰花

▲装饰：水果、蔬菜、装饰花

►（右上）装饰：盐

►（右下）装饰：酱汁、蔬菜

◀装饰：水果、蔬菜、鲜奶油、装饰花

▼装饰：水果、蔬菜

# 3 | 甜点盘饰

◀（左页）装饰：酱汁、水果、巧克力装饰片

▶装饰：酱汁、巧克力酱、果干、装饰花

▼装饰：鲜奶油、水果

◀装饰：蛋白霜、翻糖、巧克力装饰片、水果

▼装饰：鲜奶油、巧克力酱、水果

▶（右页）装饰：蛋白霜、开心果、装饰花

◀装饰：蛋白霜、巧克力装饰片

▶装饰：酱汁、水果、装饰花

▼装饰：酱汁、装饰花

**图书在版编目（CIP）数据**

图解餐桌料理盘饰 / 吴青华著. —北京：中国轻工业出版社，2021.1

餐饮行业职业技能培训教程

ISBN 978-7-5184-3265-3

Ⅰ. ① 图… Ⅱ. ① 吴… Ⅲ. ① 食品—装饰雕塑—技术培训—教材 Ⅳ. ① TS972.114

中国版本图书馆CIP数据核字（2020）第224298号



责任编辑：史祖福　贺晓琴　　责任终审：张乃柬　　整体设计：锋尚设计

策划编辑：史祖福　　责任校对：晋　洁　　责任监印：张　可

出版发行：中国轻工业出版社（北京东长安街6号，邮编：100740）

印　　刷：艺堂印刷（天津）有限公司

经　　销：各地新华书店

版　　次：2021年1月第1版第1次印刷

开　　本：787×1092　1/16　印张：9.5

字　　数：195千字

书　　号：ISBN 978-7-5184-3265-3　定价：49.00元

邮购电话：010-65241695

发行电话：010-85119835　传真：85113293

网　　址：http://www.chlip.com.cn

Email：club@chlip.com.cn

如发现图书残缺请与我社邮购联系调换

201293J4X101ZYW